essentials

essentials liefern aktuelles Wissen in konzentrierter Form. Die Essenz dessen, worauf es als „State-of-the-Art" in der gegenwärtigen Fachdiskussion oder in der Praxis ankommt. *essentials* informieren schnell, unkompliziert und verständlich

- als Einführung in ein aktuelles Thema aus Ihrem Fachgebiet
- als Einstieg in ein für Sie noch unbekanntes Themenfeld
- als Einblick, um zum Thema mitreden zu können

Die Bücher in elektronischer und gedruckter Form bringen das Expertenwissen von Springer-Fachautoren kompakt zur Darstellung. Sie sind besonders für die Nutzung als eBook auf Tablet-PCs, eBook-Readern und Smartphones geeignet. *essentials*: Wissensbausteine aus den Wirtschafts, Sozial- und Geisteswissenschaften, aus Technik und Naturwissenschaften sowie aus Medizin, Psychologie und Gesundheitsberufen. Von renommierten Autoren aller Springer-Verlagsmarken.

Weitere Bände in dieser Reihe http://www.springer.com/series/13088

Matthias M. Herterich · Falk Uebernickel
Walter Brenner

Industrielle Dienstleistungen 4.0

HMD Best Paper Award 2015

Springer Vieweg

Matthias M. Herterich
St. Gallen
Schweiz

Prof. Dr. Walter Brenner
St. Gallen
Schweiz

Prof. Dr. Falk Uebernickel
St. Gallen
Schweiz

Dieser Beitrag ist die bearbeitete Version des Artikels „Herterich, M.; Uebernickel, F.; Brenner, W.: Nutzenpotentiale cyber-physischer Systeme für industrielle Dienstleistungen 4.0." HMD – Praxis der Wirtschaftsinformatik 52 (2015), 305, S. 665–680.

ISSN 2197-6708   ISSN 2197-6716 (electronic)
essentials
ISBN 978-3-658-13910-0   ISBN 978-3-658-13911-7 (eBook)
DOI 10.1007/978-3-658-13911-7

Die Deutsche Nationalbibliothek verzeichnet diese Publikation in der Deutschen Nationalbibliografie; detaillierte bibliografische Daten sind im Internet über http://dnb.d-nb.de abrufbar.

Springer Vieweg

Gedruckt auf säurefreiem und chlorfrei gebleichtem Papier

Springer Vieweg ist Teil von Springer Nature
Die eingetragene Gesellschaft ist Springer Fachmedien Wiesbaden GmbH

Vorwort

Matthias Herterich, Falk Uebernickel, Walter Brenner: Nutzenpotentiale cyber-
physischer Systeme für industrielle Dienstleistungen 4.0

Der prämierte Beitrag
Es ist die Mission der HMD, aktuelle Themen der Praxis der Wirtschaftsinformatik aufzugreifen, zu diskutieren und neue Erkenntnisse für die Zielgruppen
der akademischen Welt und der Praxis anschaulich aufzubereiten. Industrie 4.0
ist genau ein solches Schwerpunktthema, das zurzeit vielfach durch die wissenschaftliche, praxisorientierte und sogar Boulevardliteratur „geistert". Die HMD
305 (52. Jahrgang, Heft 5) tritt im Oktober 2015 mit dem Anspruch an, die zent-
ralen Aspekte des Themas aufzugreifen, inhaltliche Klarheit zu schaffen und vor
allem Anregungen zu geben, welche Nutzeffekte die Gedanken von Industrie 4.0
für unseren unternehmerischen Alltag bergen.

Matthias Herterich, Prof. Dr. Falk Uebernickel und Prof. Dr. Walter Brenner
von der Universität St. Gallen haben in ihrem Beitrag „Nutzenpotentiale cyber-
physischer Systeme für industrielle Dienstleistungen 4.0" explorativ und erkennt-
nisorientiert Chancen für Serviceprodukte aufgezeigt, die erst durch Sensoren
und Aktoren an modernen Produktionsmaschinen möglich werden. Diese cyber-
physischen Systeme, also die Verknüpfung von Technologie und Wirtschaftspro-
zessen, sind die Grundlage der vierten industriellen Revolution.

Nach einer sehr übersichtlichen Aufbereitung der für den Beitrag relevanten
Begriffe wird geschildert, wie mit Hilfe eines induktiven Ansatzes allgemeingültige Erkenntnisse aus spezifischen Szenarien gewonnen werden konnten: dazu
wurden neben der klassischen Recherche zunächst Fallstudien durchgeführt,
deren Ergebnisse in einem zweiten Schritt durch semi-strukturierte Experten-in-
terviews ergänzt und spezifiziert wurden. In Form von Steckbriefen wurden die
Anwendungsszenarien standardisiert aufbereitet, bevor die Nutzenpotenziale

über alle Szenarien hinweg verallgemeinert und übersichtlich beschrieben wurden. Eine zusammenfassende Bewertung von Vorgehensweise und Erkenntnissen sowie ein kurzer Ausblick runden den Beitrag ab.

Der Artikel überzeugt durch eine äußerst transparente Struktur, die sehr gut nachvollziehbare Darstellung der eingängigen Vorgehensweise im zugrunde liegenden Projekt, sprachliche Exaktheit und vor allem durch seine hohe Praxisrelevanz auf Basis einer vorbildlichen wissenschaftlichen Methodik. Dabei gelingt der Spagat sehr gut, projektspezifische Details und übergeordnete pragmatische Erkenntnisse gleichermaßen anschaulich darzustellen und Handlungsempfehlungen für die betriebliche Praxis abzuleiten.

Der HMD Best Paper Award für einen der drei besten HMD-Beiträge des Jahres wird nach der Auswertung der Einschätzungen des gesamten Herausgeberkreises mit Hilfe eines standardisierten Bewertungsbogens vergeben. Er geht bereits zum zweiten Mal in Folge an die Herren Uebernickel und Brenner. Dies lässt erwarten, dass auch in Zukunft mit qualitativ hochwertiger, praxisrelevanter, erkenntnisorientierter und richtungsweisender Forschung aus dem Institut für Wirtschaftsinformatik der Universität St. Gallen zu rechnen ist.

Die HMD – Praxis der Wirtschaftsinformatik und der HMD Best Paper Award
Alle HMD-Beiträge basieren auf einem Transfer wissenschaftlicher Erkenntnisse in die Praxis der Wirtschaftsinformatik. Umfassendere Themenbereiche werden in HMD-Heften aus verschiedenen Blickwinkeln betrachtet, sodass in jedem Heft sowohl Wissenschaftler als auch Praktiker zu einem aktuellen Schwerpunktthema zu Wort kommen. Den verschiedenen Facetten eines Schwerpunktthemas geht ein Grundlagenbeitrag zum State of the Art des Themenbereichs voraus. Damit liefert die HMD IT-Fach- und Führungskräften Lösungsideen für ihre Probleme, zeigt ihnen Umsetzungsmöglichkeiten auf und informiert sie über Neues in der Wirtschaftsinformatik. Studierende und Lehrende der Wirtschaftsinformatik erfahren zudem, welche Themen in der Praxis ihres Faches Herausforderungen darstellen und aktuell diskutiert werden.

Wir wollen unseren Lesern und auch solchen, die HMD noch nicht kennen, mit dem „HMD Best Paper Award" eine kleine Sammlung an Beiträgen an die Hand geben, die wir für besonders lesenswert halten, und den Autoren, denen wir diese Beiträge zu verdanken haben, damit zugleich unsere Anerkennung zeigen. Mit dem „HMD Best Paper Award" werden alljährlich die drei besten Beiträge eines Jahrgangs der Zeitschrift „HMD – Praxis der Wirtschaftsinformatik" gewürdigt. Die Auswahl der Beiträge erfolgt durch das HMD-Herausgebergremium und orientiert sich an folgenden Kriterien:

- Zielgruppenadressierung
- Handlungsorientierung und Nachhaltigkeit
- Originalität und Neuigkeitsgehalt
- Erkennbarer Beitrag zum Erkenntnisfortschritt
- Nachvollziehbarkeit und Überzeugungskraft
- Sprachliche Lesbarkeit und Lebendigkeit

Alle drei prämierten Beiträge haben sich in mehreren Kriterien von den anderen Beiträgen abgesetzt und verdienen daher besondere Aufmerksamkeit. Neben dem Beitrag von Matthias Herterich, Falk Uebernickel und Walter Brenner wurden ausgezeichnet:

- Lotz, P.: E-Commerce und Datenschutzrecht im Konflikt. HMD – Praxis der Wirtschaftsinformatik 52 (2015), 302, S. 192–202.
- Schacht, S; Reindl, A.; Morana, S; Maedche, A.: Projekterfahrungen spielend einfach mit der ProjectWorld! – Ein gamifiziertes Projektwissensmanagementsystem. HMD – Praxis der Wirtschaftsinformatik 52 (2015), 306, S. 878–890.

Die HMD ist vor 50 Jahren erstmals erschienen: Im Oktober 1964 wurde das Grundwerk der ursprünglichen Loseblattsammlung unter dem Namen „Handbuch der maschinellen Datenverarbeitung" ausgeliefert. Seit 1998 lautet der Titel der Zeitschrift unter Beibehaltung des bekannten HMD-Logos „Praxis der Wirtschaftsinformatik", seit Januar 2014 erscheint sie bei Springer Vieweg. Verlag und HMD-Herausgeber haben sich zum Ziel gesetzt, die Qualität von HMD-Heften und -Beiträgen stetig weiter zu verbessern. Jeder Beitrag wird dazu nach Einreichung doppelt begutachtet: Vom zuständigen HMD- oder Gastherausgeber (Herausgebergutachten) und von mindestens einem weiteren Experten, der anonym begutachtet (Blindgutachten). Nach Überarbeitung durch die Beitragsautoren prüft der betreuende Herausgeber die Einhaltung der Gutachtervorgaben und entscheidet auf dieser Basis über Annahme oder Ablehnung. Jedes Heft wird zudem nach Erscheinen von einem HMD-Herausgeber hinsichtlich Ausgewogenheit, Vollständigkeit und Qualität der einzelnen Heftbausteine begutachtet. Daraus gewonnene Erkenntnisse tragen zur Weiterentwicklung der Zeitschrift und zur Verbesserung des Betreuungsprozesses durch die Herausgeber bei.

Bibliografische Informationen

Herterich, M., Uebernickel, F., Brenner, W. (2015). Nutzenpotentiale cyber-physischer Systeme für industrielle Dienstleistungen 4.0. *HMD – Praxis der Wirtschaftsinformatik, 52*(305), 665–680.

Nürnberg   Stefan Reinheimer

Danksagung

Dieser Beitrag entstand in Zusammenarbeit mit Partnerunternehmen des Kompetenzzentrums *„Industrial Services and Enterprise System"* *(CC ISES)* am *Institute of Information Management* der *Universität St. Gallen.*

Inhaltsverzeichnis

Die Digitalisierung des industriellen Servicegeschäfts

In den letzten Jahrzehnten hat sich in Europa die wirtschaftliche Struktur stark verändert. Im europäischen Durchschnitt entfällt heute mehr als 70 % der gesamten Wirtschaftsleistung auf den Dienstleistungsbereich (Leimeister 2012; Maglio und Spohrer 2008). Physische Produkte werden zunehmend als Endpunkte und Plattformen betrachtet, um Kunden zusätzliche Dienstleistungen anzubieten (Xu und Ilic 2014). Vor allem im traditionell produktorientierten Maschinen- und Anlagenbau hat das Dienstleistungsgeschäft stark an Bedeutung gewonnen (Oliva und Kallenberg 2003; Ulaga und Reinartz 2011). Unterschiedliche Interessensgruppen wie beispielsweise die Betreiber der Anlagen, die Maschinen- und Anlagenbauer selbst oder auch Organisationen, die für den Technischen Kundendienst (TKD) verantwortlich sind, suchen nach neuen Möglichkeiten zur Reduzierung der teuren Ausfallzeiten industrieller Maschinen. Daneben wollen die Organisationen neue produktbegleitende Dienstleistungen anbieten, um zusätzliches Geschäft zu generieren und sich vom Wettbewerb durch innovative Services abzuheben. Dennoch ist der klassische TKD unabdingbar. Somit ist es weiterhin Ziel, hier die Dienstleistungsproduktivität und -qualität weiter zu erhöhen (Fellmann et al. 2014; Thomas et al. 2014), da die Erbringung von produktnahen Dienstleistungen im Vergleich zum Produktgeschäft stabilere Umsätze verspricht (Ebeling et al. 2014; Gebauer 2008). Darüber hinaus differenziert sich das Dienstleistungsgeschäft gegenüber dem Produktgeschäft durch höhere Margen und einer geringeren Abhängigkeit von Investitionszyklen. Insgesamt ist daher festzustellen, dass sich durch den Trend „Servitization in Manufacturing" (Ebeling et al. 2014; Lightfoot et al. 2013; Oliva und Kallenberg 2003; Ulaga und Reinartz 2011) Unternehmen im Maschinen- und Anlagenbau zusehends vom Hersteller von

Teile dieses Beitrags basieren auf dem Konferenzbeitrag Herterich et al. (2015a).

© Springer Fachmedien Wiesbaden 2016
M.M. Herterich et al., *Industrielle Dienstleistungen 4.0*, essentials,
DOI 10.1007/978-3-658-13911-7_1

industriellen Produkten und Anlagen zum Anbieter hybrider Angebote wandeln. Durch die Kombination von industriellen Gütern einerseits und komplementären, produktbegleitenden Dienstleistungen andererseits ist in diesem Zusammenhang die Rede von „hybrider Wertschöpfung" (Ulaga und Reinartz 2011).

Die Digitalisierung lässt bisher ungeahnte Nutzenpotenziale zu. Die physische und virtuelle Welt verschmelzen miteinander, indem Sensorik und Aktuatorik in die Maschinen und Anlagen integriert werden. Da der Maschinen- und Anlagenbau durch große Investitionsvolumina gekennzeichnet ist, fällt die Ergänzung industrieller Maschinen und Anlagen durch cyber-physische Komponenten monetär nicht so sehr ins Gewicht, wie dies beispielsweise im Endkundengeschäft mit Haushaltselektronik und „weißer Ware" der Fall ist. In Kombination mit entsprechenden Backend-Systemen zur Auswertung der anfallenden Datenmengen, sowie die Integration der Möglichkeit der Steuerung in bestehende Geschäftsprozesse, entstehen sogenannte cyber-physische Systeme (CPS). Obwohl die Forschung, die sich mit CPS beschäftigt, eine technische Perspektive einnimmt, entscheiden im industriellen Bereich oft Kosten-Nutzen Analysen über den produktiven Einsatz (Schoch und Strassner 2003). Durch digitale Produkt-Innovation (Fichman et al. 2014; Yoo et al. 2010) ergeben sich gerade für die Entwicklung innovativer industrieller Dienstleistungen vorher ungeahnte Nutzenpotenziale (Barrett et al. 2015; Lusch und Nambisan 2015), sowie neue Service-Geschäftsmodelle (Reinheimer und Strahringer 2014). Um die Nutzenpotenziale cyberphysischer Maschinen und Anlagen im Kontext des industriellen Servicegeschäfts genauer zu verstehen und gegeneinander abzugrenzen, wurden elf repräsentative Fallstudien mit Maschinen- und Anlagenbauern, Service-Gesellschaften und Betreibern von industriellem Equipment durchgeführt. Auf Basis 45 konkret im Maschinen- und Anlagenbau identifizierter Dienstleistungsszenarien wird ein Ordnungsrahmen vorgestellt, der Nutzenpotenziale für den Einsatz von CPS vorstellt. Für die abstrahierten Nutzenpotenziale werden beispielhaft konkrete Dienstleistungsszenarien aufgezeigt, die durch digitale Produktinnovation im Sinne cyber-physischer Systeme ermöglicht werden. Durch die Fokussierung des vorliegenden Beitrags auf das industrielle Dienstleistungsgeschäft sind die direkten operativen Potenziale, welche für die Betreiber industrieller Maschinen und Anlagen entstehen, nicht Gegenstand der Betrachtungen.

Die Struktur dieses Beitrags gliedert sich in sechs Abschnitte. Nach der einleitenden Motivation für das Thema wird im zweiten Abschnitt ein grundlegendes Verständnis für zentrale Begriffe und Konzepte geschaffen. Der dritte Abschnitt zeigt die verwendete Methodik auf. Im vierten Abschnitt werden die identifizierten CPS Nutzenpotenziale für das industrielle Servicegeschäft vorgestellt. Hierbei wird eine Dienstleistungsperspektive eingenommen. Nutzenpotenziale aus

Sicht der Anlagenbetreiber werden weitestgehend ausgeklammert. Die Ergebnisse werden anschließend diskutiert. Dabei werden Implikationen und konkrete Handlungsempfehlungen für die Unternehmenspraxis aufgezeigt. Der Beitrag schließt mit der Diskussion weiterführender Fragestellungen, die sich aus den Ergebnissen dieses Beitrags ergeben.

Industrielle Dienstleistungen für digitalisierte Maschinen und Anlagen

2

2.1 Charakteristika industrieller Maschinen und Anlagen

Industrielle Güter zeichnen sich durch hohe Anschaffungskosten und eine verhältnismäßig lange Lebensdauer aus. Den Lebenszyklus industrieller Maschinen und Anlagen kann man in drei Phasen unterteilen (Blinn et al. 2008; Kiritsis 2011). Tab. 2.1 gibt einen Überblick über die Lebensphasen industrieller Güter. Es wird schnell deutlich, dass die Lebenszyklusphase, in der die Maschinen oder Anlagen genutzt werden, mit Abstand den längsten Zeitraum darstellt.

2.2 Industrielle Dienstleistungen und Dienstleistungsorientierung im Maschinen- und Anlagenbau

Für Industrieunternehmen im traditionell produktorientierten Maschinen- und Anlagenbau hat das Dienstleistungsgeschäft in den letzten Jahren eine zunehmend wichtigere Rolle eingenommen (Ebeling et al. 2014; Oliva und Kallenberg 2003; Ulaga und Reinartz 2011). Die Ursache hierfür ist im konstanteren Umsatzpotenzial von industriellen Dienstleistungen, sowie einer Marktsättigung für teure industrielle Investitionsgüter zu sehen. Industrielle Dienstleistungen werden oft ergänzend zu physischen Produkten angeboten. Beispielsweise wirkt sich möglicher Ausfall direkt negativ auf die Wertschöpfungsprozesse der Betreiber aus. Deshalb ist es den Betreibern wichtig, dass ein reibungsloser Betrieb sichergestellt wird. Da der Anschaffungspreis in der Regel nur einen Bruchteil der Gesamtkosten über den gesamten Lebenszyklus hinweg ausmacht, fokussieren

© Springer Fachmedien Wiesbaden 2016
M.M. Herterich et al., *Industrielle Dienstleistungen 4.0*, essentials,
DOI 10.1007/978-3-658-13911-7_2

Tab. 2.1 Lebenszyklusphasen industrieller Güter. (Kiritsis 2011)

Produktlebensphase	Beschreibung	Involvierte Akteure
Beginning of life (BOL) Anfang der Produktlebensphase/ Produktentwicklung	Konzeptualisierung, Definition und Realisation der industriellen Güter	Maschinen und Anlagenbauer, Lieferant und Innovationspartner
Middle of life (MOL) Mitte der Produktlebensphase	Nutzung, Service und Wartung der industriellen Güter beim Betreiber vor Ort	Betreiber von industriellen Maschinen und Anlagen und Servicegesellschaften
End of life (EOL) Ende der Produktlebensphase/ Produktentsorgung	Wiederverwendung von Komponenten oder gesamten industriellen Maschinen oder Anlagen, Sanierung, Entsorgung mit oder ohne Verbrennung	Maschinen- und Anlagenbauer

sich Maschinen- und Anlagenbauer verstärkt auf das Geschäft mit Reparatur- und Wartungsdienstleistungen. In diesem Zusammenhang ist von hybriden Dienstleistungen oder Produkt-Service Systemen die Rede. Eine hybride Dienstleistung bezeichnet eine Kombination von gemeinsam angebotenen Dienstleistungen und Sachgütern.

Wegen der Heterogenität gibt es keine einheitliche wissenschaftliche Definition des Begriffs „Dienstleistung". Deshalb konstituieren die Immaterialität, Nichtlagerfähigkeit, Simultanität von Produktion und Konsum, sowie die Integration externer Faktoren (bspw. Menschen oder Objekte) in den Prozess der Leistungserbringung den Dienstleistungsbegriff (Böhmann et al. 2014; Vargo und Lusch 2008).

Die Digitalisierung trägt dazu bei, dass industrielle Maschinen und Anlagen zunehmend mit digitalen Komponenten und Konnektivität ausgestattet werden. Dadurch ergeben sich neue Möglichkeiten, innovative Dienstleistungen anzubieten oder die Dienstleistungsproduktivität und -qualität bestehender Dienstleistungen zu erhöhen.

2.3   Cyber-physische Systeme

Im Rahmen dieses Beitrags werden digitalisierte, mit Sensorik und Konnektivität ausgestattete industrielle Maschinen und Anlagen, als CPS verstanden. CPS sind definiert als Systeme mit digitalen Komponenten wie Sensoren und

Aktuatoren, die die physische Welt mit der digitalen Welt verschmelzen lassen (Lee 2008; Reinheimer und Strahringer 2014). Im Bereich der Informatik wurde der CPS-Begriff ursprünglich verwendet, um die Kopplung von Rechenleistung mit mechanischen Elementen zu beschreiben (Lee 2008). In seiner grundlegenden Studie identifiziert Lee (2008) die Voraussetzungen von CPS und beschreibt sie als Grundpfeiler der IT-Revolution im 20. Jahrhundert. Durch die von der deutschen Regierung ins Leben gerufene Initiative *Industrie 4.0* gewinnt der CPS-Begriff auch in der IS Literatur zunehmend an Bedeutung (Böhmann et al. 2014; Matzner und Scholta 2014; Soeldner et al. 2013). Acatech, die deutsche Akademie der Technikwissenschaften definiert CPS als Systeme mit „integrierter Software […], die:

- mittels Sensoren physische Daten erheben und durch Aktuatoren direkt physische Prozesse beeinflussen können;
- aufgenommene Daten evaluieren, speichern und dadurch aktiv oder reaktiv mit der physischen oder digitalen Welt interagieren können;
- mit anderen Systemen in globalen Netzwerken via digitalen Kommunikationsfähigkeiten (kabelgebunden und/oder drahtlos, lokal und/oder global) vernetzt sind;
- global vorhandene Daten und Dienstleistungen nutzen können;
- eine Reihe von zugehörigen, multimodalen Schnittstellen von Mensch und Maschine besitzen" (acatech – Deutsche Akademie der Technikwissenschaften 2011, S. 15).

Dieser Beitrag baut auf der oben dargelegten Konzeptualisierung von CPS und der Idee auf, digitalisierte Objekte und damit beispielsweise auch industrielle Maschinen und Anlagen als CPS zu sehen (Mikusz 2014; Schäfer et al. 2015). Durch die Nutzenpotenziale von CPS eröffnen sich neue Möglichkeiten für das wichtiger werdende industrielle Dienstleistungsgeschäft.

Methodik 3

Dieser Beitrag bietet einen strukturierten Überblick über die sich eröffnenden Nutzenpotenziale cyber-physischer Eigenschaften industrieller Maschinen und Anlagen für industrielle Dienstleistungen. Um möglichst allgemeingültige Erkenntnisse zu erzielen, wurden Fallstudien durchgeführt. Fokusgruppen-Workshops, Interviews und die Analyse interner Dokumente von Maschinen- und Anlagenbauern, Serviceorganisationen und Betreibern industrieller Maschinen und Anlagen bieten dabei eine breite Datenbasis. Notwendige Bedingung zur Auswahl der Organisationen war deren vorhandene Absicht, das Dienstleistungsgeschäft durch den Einsatz von cyber-physischen Elementen in Maschinen und Anlagen zu optimieren bzw. neue Dienstleistungen anzubieten. Zunächst wurden explorative Fokusgruppen-Workshops durchgeführt. Unter Einbeziehung der technischen und fachlichen Rollen und einer hohen Diversifizierung des Teilnehmerkreises wurde die Berücksichtigung verschiedener Perspektiven auf das Thema sichergestellt. Im zweiten Schritt wurden zunächst halb-strukturierte Experteninterviews mit offenem Ende mit einer Dauer zwischen 50 und 110 min durchgeführt. Hierbei waren die Interview-Partner Service-Manager, Serviceprozessverantwortliche sowie Mitarbeiter der teilnehmenden Organisationen aus dem Innovationsbereich. Parallel wurden interne Dokumente, Präsentationen und Prozessdokumentationen durchleuchtet, um zusätzliche Anwendungsfälle zu identifizieren. Anschließend wurden standardisierte Szenariensteckbriefe genutzt, um konkrete Anwendungsfälle (Use Cases) mit den Experten zu diskutieren. Alle Interviews wurden aufgenommen. Auf Basis der Audio-Aufnahmen wurden Expertenkommentare in einer Datenbank abgelegt. Tab. 3.1 zeigt beispielhaft einen konkreten Anwendungsfall.

© Springer Fachmedien Wiesbaden 2016
M.M. Herterich et al., *Industrielle Dienstleistungen 4.0*, essentials,
DOI 10.1007/978-3-658-13911-7_3

Tab. 3.1 Beispielhafter Szenariensteckbrief für einen konkreten Anwendungsfall

ID	43
Titel	Wartungsvorhersage durch Nutzung des Rotationsgeräuschsensors
Kurzbeschreibung	Block und Geitner (1983) stellten fest, dass 99 % aller Maschinenausfälle durch gewisse Indizien oder den Zustand der Maschine vorangekündigt werden. In vielen Fällen könnten die ersten Anzeichen einer Störung schon Wochen vor dem effektiven Ausfall festgestellt werden. Die Veränderung der Maschinenperformance im Verlauf der Zeit wird durch die P-f-Kurve aufgezeigt. Eine effektive Möglichkeit zur frühzeitigen Erkennung von Abweichungen vom normalen Betriebsmodus ist beispielweise bei rotierenden Maschinen die kontinuierliche Überwachung mittels Ultraschall. Störungen können so schon lange bevor sie der Mensch durch Berührung (Thermografie und Schwingung) oder trainierte Ohren wahrnehmen kann, festgestellt werden. Beispielsweise können so mögliche Ausfälle von Windturbinen in Windparks vor ihrem Auftreten mit Hilfe von Rotations- und Vibrationssensoren sehr zuverlässig vorhergesagt werden. Die Ultraschallsensoren sind Teile cyber-physischer Systeme und können Abweichungen oder Ausfälle der Windturbinen mithilfe der P-f-Kurve identifizieren

Insgesamt wurden 45 Anwendungsfälle mit CPS im Kontext von Industriedienstleistungen identifiziert und mit den Experten diskutiert.

CPS Nutzenpotenziale im Kontext industrieller Dienstleistungen

Basierend auf den durchgeführten Fallstudien mit Industrieunternehmen und den 45 konkreten Anwendungsszenarien zur Nutzung cyber-physischer Fähigkeiten für industrielle Dienstleistungen wurden sieben Nutzenpotenziale abgeleitet. Tab. 4.1 bietet einen Überblick über die identifizierten Nutzenpotenziale.

Im Folgenden werden die identifizierten Nutzenpotenziale im Detail vorgestellt. Für jedes Nutzenpotenzial wird exemplarisch ein konkretes Fallbeispiel dargestellt.

4.1 Produktoptimierung durch die Auswertung von Betriebsleistungsdaten

Operative Daten, die während des Betriebs industrieller Maschinen und Anlagen anfallen, können wertvolle Einblicke über die Nutzung und den Betrieb der Maschinen und Anlagen liefern. Durch einen Abgleich mit Reparatur- und Wartungsaufträgen können Schwachstellen der Maschinen und Anlagen im Feldbetrieb mühelos identifiziert werden. Häufig auftretende Probleme und Schwachstellen in der Konstruktion können auf Basis statistischer Analyse ex post identifiziert werden – entsprechende Gegenmaßnahmen können getroffen werden.

Beispielsweise kann durch den Einsatz optimierter Materialien und Konstruktionen in der Aufzugsindustrie der Energieverbrauch während des Betriebs deutlich gesenkt werden. Die optimierten Produktvarianten sind weniger anfällig für Fehler und Ausfälle. Betriebsdaten müssen nicht mehr aufwendig durch Simulationen erhoben werden. Vielmehr können die realen, unverfälschten Daten von produktiven Maschinen und Anlagen im Feld genutzt werden. Im Rahmen einer

© Springer Fachmedien Wiesbaden 2016
M.M. Herterich et al., *Industrielle Dienstleistungen 4.0*, essentials,
DOI 10.1007/978-3-658-13911-7_4

Tab. 4.1 CPS Nutzenpotentiale im Kontext industrieller Dienstleistungen

Nutzenpotenzial	Kurzbeschreibung
Produktoptimierung durch die Auswertung von Betriebsleistungsdaten	Sensordaten von aktuell im Feld installierten Produkten können zur Entwicklung von optimierten Maschinen und Anlagen verwendet werden
Betriebsoptimierung industrieller Maschinen und Anlagen	Optimierung der Funktionsfähigkeit industrieller Maschinen und Anlagen durch die Auswertung von Sensordaten und entsprechender Optimierung. Ausfälle können verhindert werden. Durch das Generieren von Transparenz kann der Betrieb optimiert werden
Management und Steuerung industrieller Maschinen und Anlagen	Die Fähigkeit von CPS, Kontrollinformationen zu erhalten, ermöglicht es, industrielle Maschinen und Anlagen manuell über Servicecenter zu managen und zu steuern. Beispielsweise kann aus der Ferne ein Neustart der digitalen Komponenten der Anlage durchgeführt werden, um Fehler zu eliminieren
Zeitliche Vorhersage und Optimierung von TKD-Aktivitäten	Die kontinuierliche Datensammlung basierend auf CPS kann für die Vorhersage und das Auslösen von Serviceaktivitäten des TKD genutzt werden. Zum Beispiel könnten routinemäßige Wartungsarbeiten auf der Grundlage von Messungen mittels integrierten Sensoren in den Maschinen und Anlagen durchgeführt werden
Ferndiagnose und Ersetzen von Aktivitäten des TKD	Oftmals können gewisse Wartungsarbeiten und sogar Reparaturen aus der Ferne gehandhabt werden. Servicezentren können aufgebaut und erfahrene Mitarbeiter diagnostizieren und lösen die Probleme nicht mehr vor Ort. Erfahrene Mitarbeiter können so effizienter eingesetzt werden, da sie nun vom Servicecenter aus tätig sind und nicht mehr vor Ort sein müssen. Ferndiagnosen werden gestellt und der TKD wird nur ausgesandt, falls das Problem nicht aus der Ferne gelöst werden kann

(Fortsetzung)

Tab. 4.1 (Fortsetzung)

Nutzenpotenzial	Kurzbeschreibung
Optimierung und Unterstützung des TKD	Industrielle CPS können zur Optimierung und Unterstützung bestehender Dienstleistungen und Prozesse im TKD genutzt werden. Mit CPS können die TKD-Aktivitäten schneller erledigt werden und die Dienstleistungsqualität und -produktivität können gesteigert werden. Mitarbeiter des TKD beim Kunden vor Ort erhalten kontextabhängig detaillierte Informationen über den Zustand der Maschinen und Anlagen, sowie Unterstützung und Problemdiagnosen von erfahrenen Mitarbeitern aus dem Backoffice, um dadurch die Probleme vor Ort schneller und effizienter beheben zu können
Informations- und Datengetriebene Dienstleistungen	Daten und Informationen von CPS können genutzt werden, um innovative datengetriebene Dienstleistungen anzubieten. Es ist beispielsweise denkbar, dass Maschinen- und Anlagenbauer Daten über den Betrieb bzw. Zustand der Maschinen und Anlagen an dritte Serviceorganisationen oder die Betreiber zu verkaufen

gesamtheitlichen Betrachtung über den Produktlebenszyklus hinweg kann so die notwendige Wartungsintensität von Maschinen und Anlagen nachhaltig gesenkt werden.

4.2 Betriebsoptimierung industrieller Maschinen und Anlagen

Aus der Perspektive des Produktlebenszyklus (Blinn et al. 2008) liegt das größte Potential cyber-physischer Fähigkeiten in der Betriebsphase von industriellen Maschinen und Anlagen. Gleichzeitig ergeben sich aus dem Betriebskontext jedoch auch die höchsten technischen Anforderungen, da hierbei der zeitliche Aspekt bei der Verarbeitung der Daten relevant ist. Gesammelte Daten und die Erkenntnisse können nicht nur im Kontext des TKD, sondern auch für die Verbesserung der gesamtheitlichen industriellen Betriebsabläufe innerhalb des

Wertschöpfungsprozesses beim Anlagenbetreiber genutzt werden, in die die Maschinen und Anlagen eingebettet sind. Ein besseres Verständnis darüber, wie industrielle Maschinen und Anlagen im Feld von den Betreibern genutzt werden, kann wertvolle Hinweise auf mögliches Verbesserungspotenzial der Produkte liefern. Jedoch müssen in vielen Fällen historische Betriebsleistungsdaten zur Verfügung stehen, um statistische Analysen durchzuführen und das Potenzial für Verbesserungen aufzuzeigen.

Neben physischem Verbesserungspotenzial ist eine Optimierung der Maschinen und Anlagen beispielsweise auch durch Softwareupdates denkbar. Auf Basis historischer Daten können Hersteller durch Updates neue Funktionalitäten hinzufügen oder bestehende Funktionalitäten optimieren. Ist die Durchführung solcher Updates nicht möglich, kann beispielsweise durch die Herausgabe von Handlungsempfehlungen für Betreiber und Anwender eine Betriebsoptimierung herbeigeführt werden[1].

4.3 Management und Steuerung industrieller Maschinen und Anlagen

Mit der Transformation von industriellen Maschinen und Anlagen in CPS wird das Equipment nicht nur mit Sensoren und einseitiger Konnektivität ausgestattet. Vielmehr wird eine bidirektionale Kommunikation ermöglicht. Aktuatoren in den Maschinen und Anlagen sind in der Lage, Steuerungsinformationen zu erhalten, sodass das Equipment aus der Ferne gesteuert und gemanagt werden kann. Serviceorganisationen sowie Maschinen- und Anlagenbauer können dadurch Betreibern der Maschinen produktbegleitende Mehrwertdienste anbieten, ohne physisch vor Ort sein zu müssen. In der Aufzugsindustrie ist beispielsweise eine dedizierte Steuerung der Anlagen auf Basis externer Einflüsse (event-basierte Zugangskontrolle, Aufzugssteuerung in Abhängigkeit des Flugplans an Flughäfen) denkbar. Diese Beispiele stellen für den Betreiber der Anlage einen Zusatznutzen dar, sodass vom Hersteller und den Serviceorganisationen vergleichbare

---

[1]General Electric zeichnet kontinuierlich Nutzungsdaten von Flugzeugturbinen auf. Da die effiziente Nutzung direkt von der Art und Weise wie Piloten das Flugzeug steuern beeinflusst wird, gibt General Electric nach Analyse der Nutzungsdaten konkrete Handlungsempfehlungen, wie sich der Betrieb effizienter gestalten lässt (http://www.gereports.com/post/91469336265/aerial-intelligence-this-airbus-makes-pilots, http://www.ge.com/europe/downloads/MM_CaseStudies_Aviation_Alitalia.pdf).

Funktionalität als Mehrwertdienstleistung angeboten werden können. Regelkreise zum Management und zur Steuerung von industriellen Maschinen und Anlagen erhalten dadurch eine deutlich höhere Auflösung. In diesem Zusammenhang wird auch von „High-Resolution Management" gesprochen (Fleisch et al. 2014).

Werden die neuen technologischen Möglichkeiten beispielsweise zum Management und zur Steuerung industrieller Maschinen und Anlagen aus der Ferne genutzt (Zolnowski et al. 2011), sind zur Realisierung vieler Anwendungsszenarien Echtzeitfähigkeiten zur Verarbeitung der Daten notwendig. Ebenfalls wäre die manuelle Fernsteuerung von industriellen Maschinen und Anlagen im Problemfall denkbar. Das Nutzenpotenzial zum Management und zur Steuerung des Equipments kann zur Effizienzsteuerung bestehender Dienstleistungsprozesse genutzt werden. Daneben ist aber auch die Entwicklung komplett neuer Dienstleistungsinnovationen denkbar, was zu zusätzlichen Umsatzpotenzialen führen würde.

4.4   Zeitliche Vorhersage und Optimierung von TKD-Aktivitäten

Trotz der entstehenden Möglichkeiten zur Optimierung des Betriebs aus der Ferne und der Reduktion der Wartungsintensität sind für die Sicherstellung des Betriebs industrieller Maschinen und Anlagen Vor-Ort-Besuche durch den TKD unabdingbar. Grundsätzlich kann man drei verschiedene Wartungsstrategien unterscheiden: *Korrektive Wartung (1), Präventive Wartung (2)* sowie *Preämptive Wartung (3)* (Wang et al. 2007). *Korrektive Wartung* muss nach einem Ausfall vorgenommen werden, während *Präventive* und *Präemptive Wartung* vor dem tatsächlichen Ausfall durchgeführt werden. Im Falle der *Präventiven Wartung* kann man je nach Auslöser der Wartung zwischen drei verschiedenen Strategien unterscheiden. Im ersten Fall, der Z *eitgesteuerten Präventiven Wartung (2a)* wird die Wartungsaktivität von einem gesetzten Datum oder einem definierten Zeitpunkt ausgelöst. Der definierte Zeitpunkt der Wartung wird anhand von historischen Statistikdaten festgelegt (Alardhi und Labib 2007). In diesem Fall werden die Wartungsintervalle selten verbessert und Wartungsaktivitäten werden nicht effizient ausgelöst. *Nutzungsbasierte Präventive Wartung (2b)* beschreibt den Fall, dass Wartungsaktivitäten basierend auf der Intensität der Nutzung der Maschinen und Anlagen ausgelöst werden. Hierzu werden in der Regel keine automatisiert erhobenen operativen Daten der Maschinen oder Anlagen verwendet. Im dritten Fall, der *Zustandsorientierten Wartung (2c),* kann der Zustand der Maschinen und

Anlagen Wartungsaktivitäten auslösen. Cyber-physische Komponenten ermöglichen die kontinuierliche und automatisierte Überwachung von Symptomen für das Versagen industrieller Maschinen und Anlagen. Bereits im Fall der zustandsorientierten Wartung tragen mit Sensorik ausgestattete, vernetzte Maschinen und Anlagen zu einer zeitlichen und qualitativen Optimierung der Wartungsaktivitäten bei. Der Zustand der Maschinen und Anlagen wird durch den Verschleiß der Teile definiert, wobei auf Basis der gesammelten Daten kein Forecasting betrieben wird. Neben den beschriebenen Möglichkeiten der *Präventiven Wartung* gibt es die Möglichkeit der *Preämptiven Wartung (3)*. Bei dieser Methode werden die Daten ebenfalls aus dem operativen Betrieb der Maschine oder Anlage genutzt. Durch umfassende statistische Analysen der Sensordaten können zeitliche Trends hinsichtlich des Verschleißes einzelner Komponenten identifiziert und mögliche Ausfälle prognostiziert werden. Bloch und Geitner (1983) haben in diesem Zusammenhang aufgezeigt, dass das Versagen von industriellen Maschinen und Anlagen in den meisten Fällen auf Basis vordefinierter Kriterien von Symptomen vorhergesagt werden kann. Dieser Zusammenhang kann mithilfe der P-f-Kurve visualisiert werden (Wang et al. 2007). Kontinuierliche Datensammlung, basierend auf CPS, kann somit als Vorhersage und Auslöser für Serviceaktivitäten genutzt werden. Effizienzsteigerungen durch digitalisierte und vernetzte industrielle Maschinen und Anlagen sind somit nicht nur während der Ausführung des Services möglich (vgl. Abschn. 4.6 Optimierung und Unterstützung des TKD), sondern auch bei der zeitlichen Planung der Wartungsintervalle. Im Kontext schwer erreichbarer Anlagen wie beispielsweise Offshorewindparks können dadurch Anfahrtskosten eingespart werden und die Dienstleistungsproduktivität gesteigert werden.

4.5   Ferndiagnose und Ersetzen von Aktivitäten des TKD

Ein weiteres Nutzenpotenzial von digitalisierten industriellen Maschinen und Anlagen, die mit cyber-physischen Aktivitäten ausgestattet sind, liegt in den technischen Möglichkeiten, die es erlauben, Wartungsaktivitäten aus der Ferne durchzuführen. Mitarbeiter des TKD müssen so für bestimmte Aktivitäten nicht physisch vor Ort sein. Die Unternehmen der Fallstudien denken daher darüber nach, global agierende Servicezentren aufzubauen, sodass beispielsweise erfahrene Mitarbeiter Probleme aus der Ferne diagnostizieren und lösen können. Anfahrtswege und Stundensätze der TKD-Mitarbeiter im Feld sind teuer.

Industrielle Maschinen und Anlagen werden zunehmend komplexer (Thomas et al. 2014). Im Vorfeld durchgeführte präzise Diagnosen, ohne vor Ort zu sein, erlauben eine Erhöhung der Dienstleistungsqualität der TKD-Beschäftigten im Feld. Darüber hinaus tragen umfangreiche vorgeschaltete Problemdiagnosen dazu bei, dass gerade unerfahrene Mitarbeiter im Feld genauer angeleitet werden und beispielsweise durch mobile Arbeitsunterstützungssysteme befähigt werden, auch komplexe Wartungs- oder Reparaturaktivitäten durchführen zu können (Herterich et al. 2015b). Die Ferndiagnose ist das offensichtlichste Anwendungsszenario in diesem Kontext. In vielen Fällen kann die Wartung oder sogar die Behebung von Schäden aus der Ferne vorgenommen werden.

In der Aufzugsbranche wird dieses Nutzenpotenzial eingesetzt, um typische Routineaktivitäten des TKD vor Ort wie eine regelmäßige Überprüfung des Sicherheitsschaltkreises, der Notfallbatterie für die Kommunikations- und Steuerungstechnik, sowie das ordnungsgemäße Öffnen und Schließen der Türen als manuelle oder vollständig automatisierte Prozesse aus der Ferne durchzuführen, ohne dass Mitarbeiter des TKD zum Aufzug beim Betreiber vor Ort im Einsatz sein müssen.

4.6 Optimierung und Unterstützung des TKD

Für den größten Teil der Reparatur- und Wartungsdienstleistungen von industriellen Maschinen und Anlagen ist die physische Präsenz des TKD vor Ort notwendig. Als Beispiel kann der Austausch von Betriebsstoffen oder das Auswechseln defekter Komponenten angeführt werden. Cyber-physische Fähigkeiten können genutzt werden, um diese grundlegenden Dienstleistungen beim Kunden vor Ort zu optimieren und weiterzuentwickeln. Das Bereitstellen von auf der Basis von Sensordaten gewonnenen Erkenntnissen für den TKD ermöglicht eine höhere Dienstleistungsproduktivität und eine gesteigerte Dienstleistungsqualität. Auf Basis dieser Daten können konkrete Aktivitäten für den TKD abgeleitet werden und Probleme zielgerichteter gelöst werden. So kann ein Abgleich des Fehlerbilds einer konkreten Maschine oder Anlage mit historischen Fehlerbildern des gleichen Maschinentyps, sowie den in diesen Fällen durchgeführten Serviceaktivitäten erfolgen. Der in der Vergangenheit erfolgreich durchgeführte Wartungsauftrag lässt sich auf den aktuellen Fall projizieren. Dadurch kann eine Prognose über die konkret durchzuführenden Serviceaktivitäten abgegeben werden. Mit passender mobiler Unterstützung kann sich der TKD schon auf dem Weg zum Kunden einen Überblick über die Situation verschaffen und den Service zielgerichtet mit den entsprechenden Ersatzteilen durchführen. TKD Mitarbeiter haben so schon, bevor sie vor Ort sind, Zugriff auf relevante Sensordaten und Fehlercodes, anstatt erst lokal durch den Anschluss eines Diagnose-Geräts den aktuellen Zustand der Maschine oder Anlage einzusehen. Analytische Fähigkeiten und datengetriebene fachliche Unterstützung aus dem Backoffice helfen den Servicetechnikern bei der Durchführung des Serviceauftrags.

Um solche Szenarien umzusetzen, müssen gewisse Bedingungen erfüllt sein. Erstens müssen die Serviceprozesse einen hohen Grad an Standardisierung und Reife aufweisen. Nur so kann eine standardisierte und effektive Unterstützung durch mobile Arbeitsunterstützungssysteme erfolgen. Zweitens müssen operative Maschinendaten mit zusätzlichen Kontextinformationen weiterer Informationssysteme im Unternehmen (bspw. CRM, HR, ERP, sowie Systeme für den Einkauf von Ersatzteilen und zur Steuerung, Einsatzplanung und mobilen Unterstützung des TKD) angereichert werden; entsprechende Schnittstellen und ein gemeinsames Datenmodell müssen bereitgestellt werden. Ziel sollte dabei ein gesamtheitliches Datenmodell mit allen Serviceinformationen sein. All diese Informationen zusammenzutragen, erfordert jedoch ein hohes Investment und bringt viele Herausforderungen mit sich.

4.7 Informations- und datengetriebene Dienstleistungen

Die oben dargestellten Nutzenpotenziale zeigen, dass cyber-physische Eigenschaften industrieller Maschinen und Anlagen eine Vielzahl an Möglichkeiten bieten, bestehende industrielle Dienstleistungen und Geschäftsmodelle im Kontext von Reparatur und Wartung zu unterstützen und die Dienstleistungsproduktivität und -effizienz zu steigern. Zusätzlich zur Optimierung dieser bereits bestehenden Dienstleistungen und Prozesse können die entstehenden cyber-physischen Eigenschaften industrieller Maschinen und Anlagen auch grundsätzlich neue Nutzenpotenziale und Dienstleistungs-Geschäftsmodelle hervorbringen. Durch die eingebaute Konnektivität und Sensorik kann der Zustand der Maschinen und Anlagen zu jedem Zeitpunkt eingesehen werden. Ergänzt um die Möglichkeiten, Maschinen und Anlagen auch aus der Ferne zu steuern, sehen sich Akteure im Ökosystem mit der Macht über die Daten in der Lage, neue, datengetriebene Dienstleistungen anzubieten.

Betreiber industrieller Maschinen und Anlagen haben ein großes Interesse an Transparenz hinsichtlich Betrieb und Wartung. Darüber hinaus wollen die

Betreiber von den Möglichkeiten profitieren, cyber-physische Maschinen und Anlagen in bestehende Wertschöpfungsprozesse zu integrieren und kontextabhängig Steuerungssignale versenden. Hierzu ist es aus Sicht der Hersteller bzw. Betreiber der Maschinen und Anlagen denkbar, standardarisierte Schnittstellen wie beispielsweise APIs anzubieten. Dies würde Betreibern die Möglichkeit geben, die Maschinen und Anlagen eines Herstellers mit weiteren Maschinen zu vernetzen, um so die Wertschöpfung gesamtheitlich zu optimieren. Dabei sind verschiedene Geschäftsmodelle denkbar. Beispielsweise könnten dritte Serviceorganisationen, die nicht nur ihre selbst hergestellten Anlagen warten und reparieren, den Zugriff auf bereits vorausgewertete Sensordaten sowie den digitalen Zugriff auf die Maschine als datengetriebene Dienstleistung erwerben. Ebenfalls denkbar aus der Perspektive der Betreiber wäre eine Abrechnung nach Nutzungsgrad der Maschinen und Anlagen bzw. eine ergebnisorientierte Bezahlung, statt den oft hohen Kaufpreis der Investitionsgüter bezahlen zu müssen. Die beispielhaft beschriebenen Szenarien haben gemeinsam, dass der Mehrwert allein auf den sich aus der Digitalisierung ergebenden Möglichkeiten erfolgt. Unternehmen, die traditionell Maschinen und Anlagen hergestellt und verkauft haben, entwickeln sich dadurch zu Datenlieferanten für ein Ökosystem, in dem komplett neue, produktbezogene Dienstleistungen entstehen.

Implikationen und Handlungsempfehlungen für die Unternehmenspraxis

5

Vor allem im Kontext der Initiative *Industrie 4.0* wird die Digitalisierung im Maschinen- und Anlagenbau oftmals mit geschickt vernetzten Fertigungsprozessen zu Beginn des Lebenszyklus von industriellen Gütern assoziiert. Mit dem Trend der Serviceorientierung gewinnt in der Industrie jedoch die Betriebsphase der Maschinen und Anlagen zunehmend an Bedeutung. Maschinen- und Anlagenbauer suchen daher nach Möglichkeiten, innovative Dienstleistungen anzubieten, die die Betriebsphase adressieren. Da die umfassende Digitalisierung der industriellen Güter und Serviceprozesse mit nicht zu unterschätzenden Kosten verbunden ist, ist es für Manager zunächst essenziell, schnell sichtbare Erfolge zu generieren. Kurzfristig liegt daher der Fokus auf den Möglichkeiten, die Effizienz und Qualität bestehender Dienstleistungen wie beispielsweise dem klassischen TKD auf Basis der cyber-physischen Fähigkeiten zu steigern.

Mittel- und langfristig wird hier jedoch eine Transformation stattfinden, da die gewonnenen Nutzenpotenziale über die angesprochenen Möglichkeiten hinaus komplett neue Dienstleistungen auf unterschiedlichen Ebenen ermöglichen. Beispielsweise könnten Industrieunternehmen in Kooperation mit Softwareanbietern die Analyse industrieller Sensordaten als Dienstleistung anbieten, die von dritten Unternehmen für die eigene Wertschöpfung genutzt wird. Durch diese Modularisierung entstehen Service-Ökosysteme; für Unternehmen wird es verstärkt erforderlich, mit Partnern zusammenzuarbeiten, da für die Erbringung komplexer Dienstleistungen oft ergänzende Dienstleistungen notwendig sind, die beispielsweise aufgrund fehlender Kompetenzen extern eingekauft werden müssen. In die Serviceprozesse müssen somit zunehmend mehr Akteure miteinbezogen werden. Sensorhersteller und Softwarefirmen sind nur zwei Beispiele. Durch

© Springer Fachmedien Wiesbaden 2016
M.M. Herterich et al., *Industrielle Dienstleistungen 4.0*, essentials,
DOI 10.1007/978-3-658-13911-7_5

Dienstleistungsinnovation gewinnen folglich Service Ökosysteme, Service Plattformen und „Value co-creation"[1] an Bedeutung (Lusch und Nambisan 2015).

Ferner ist auf Ebene der Geschäftsmodelle ein Paradigmenwechsel festzustellen: Unternehmen, die beispielsweise TKD-Leistungen anbieten, werden zunehmend nicht mehr nach tatsächlichem Aufwand für die Durchführung von Dienstleistungen bezahlt. Vielmehr rückt in Zukunft das Ergebnis in den Vordergrund – unabhängig von der aufgewendeten Zeit oder den Ressourcen zur Erbringung der Dienstleistung. Ebenfalls ist es denkbar, die Endprodukte als datengetriebene Dienstleistungen zu verkaufen oder dritte (Service-)Organisationen durch datengetriebene Dienstleistungen zu unterstützen. Beispielsweise denken Maschinen- und Anlagenbauer darüber nach, ihre Produkte als Dienstleistungen zu verkaufen – die Abrechnung könnte je nach Nutzungsintensität erfolgen. Durch neue Geschäftsmodelle und die Marktveränderungen könnte es in einigen Jahren unmöglich sein, industrielle Maschinen und Anlagen ohne die Nutzung der neuen Möglichkeiten herzustellen, zu betreiben oder zu warten. Trotz dieser Tatsache sollten Unternehmen sich nicht ausschließlich auf Dienstleistungen konzentrieren, die an die Betreiber gerichtet sind.

Bei Konzeption und Angebot innovativer Dienstleistungen sollten Unternehmen zunächst darauf achten, dass die Anwendungsfälle einfach umsetzbar sind, schnelle Fortschritte ersichtlich sind und diese direkt zu einer Erhöhung der Dienstleistungsproduktivität oder zur Generierung von zusätzlichem Umsatzpotenzial führen. Hoch standardisierte, repetitive Routine- und Kontrollaktivitäten, basierend auf der kontinuierlichen Zustandsüberwachung ohne fortgeschrittene analytische Fähigkeiten, sind beispielsweise einfach zu realisieren und sollten frühzeitig umgesetzt werden, um beispielsweise teure Servicetechniker im Feld einsparen zu können. Komplexe, datengetriebene mobile Unterstützung der Arbeitskräfte, für die eine Umgestaltung kompletter Prozessketten notwendig ist, sind aufgrund der Abhängigkeiten zwischen technischen und nicht-technischen Komponenten schwieriger umzusetzen und sollten auf Basis der grundlegenden Fähigkeiten zu einem späteren Zeitpunkt implementiert werden.

Trotz der fragmentierten Umsetzung sollten Praktiker dennoch ein umfassendes Verständnis für die Nutzenpotenziale haben, die CPS im Kontext industrieller Dienstleistungen generieren. Dieser Weitblick ist vor allem notwendig, um schon heute die richtigen Entscheidungen in Bezug auf die Entwicklung generativer und flexibler digitaler Plattformen und IT-Architekturen sowie einer tragfähigen Digitalisierungsstrategie zu treffen.

---

[1]Value Co-Creation beschreibt die gemeinschaftliche Wertschöpfung durch den Einsatz von Ressourcen aller bei der Wertschöpfung beteiligter Akteure.

Operative Maschinen- und Anlagendaten als zentrale Ressource für datenbasierte industrielle Dienstleistungen

6

Ziel dieses Beitrags ist es, Nutzenpotenziale von CPS für das industrielle Servicegeschäft zu identifizieren und zu klassifizieren. Dazu wurden insgesamt elf Fallstudien mit Unternehmen aus dem Maschinen- und Anlagenbau, TKD-Serviceorganisationen, sowie Betreibern von industriellem Equipment durchgeführt. Die Identifikation und systematische Klassifikation konkreter CPS Anwendungsfälle für das industrielle Dienstleistungsgeschäft stellt einen ersten Schritt dar, um die Chancen und neu entstehenden technologischen Fähigkeiten für das industrielle Dienstleistungsgeschäft zu konkretisieren.

In den heutigen kompetitiven und dynamischen Märkten können die Daten und die Erkenntnisse, die durch CPS gemacht werden, genutzt werden, um datenbasierende Dienstleistungsmöglichkeiten umzusetzen. In solchen Szenarien können traditionelle Herstellungsfirmen zu Datenverteilern für Serviceorganisationen oder operative Unternehmen werden. Zum Beispiel können die Daten, die im Besitz eines Maschinen- und Anlagenbauers sind, via standardisierter Interfaces an andere Akteure im Ökosystem verkauft werden. Diese wiederum können diese Daten für das Dienstleistungsgeschäft nutzen. Neben dem Verkaufen von Rohdaten (oder den aggregierten Daten) könnte der Besitzer der operativen Daten diese auch für einen zusätzlichen Service zu den traditionellen Wartungs- und Reparaturdienstleistungen verwenden. Nebst dem Gebrauch des CPS zur internen Effizienzsteigerung werden auch komplett neue Dienstleitungsmöglichkeiten geschaffen.

Der vorliegende Beitrag ist durch die angewandte Fallstudienmethodik limitiert. Es kann nicht sichergestellt werden, dass die identifizierten Nutzenpotenziale eine abschließende Zusammenstellung an Nutzenpotenzialen für den adressierten Kontext darstellen. Eine Validierung und Ergänzung der präsentierten Ergebnisse sollte im Rahmen weiterer empirischer Forschungsvorhaben

© Springer Fachmedien Wiesbaden 2016

M.M. Herterich et al., *Industrielle Dienstleistungen 4.0*, essentials,
DOI 10.1007/978-3-658-13911-7_6

durchgeführt werden. Dennoch bietet der Beitrag aus praktischer Sicht einen Überblick über die durch CPS entstehenden Nutzenpotenziale für das industrielle Dienstleistungsgeschäft. Darüber hinaus kann der Beitrag als Ordnungsrahmen für künftige, tiefer gehende Arbeiten in diesem Themenfeld genutzt werden.

Gleichzeitig wirft die vorliegende Arbeit jedoch auch neue Fragen auf, die auf einer konkreteren Ebene als zuvor in zukünftigen Forschungsvorhaben bearbeitet werden können. Durch die identifizierten Nutzenpotenziale wird die Relevanz des Themas aufgezeigt. In einem weiteren Schritt wäre es denkbar, die Erfolgsfaktoren und notwendigen technischen und organisationalen Fähigkeiten für die Adoption cyber-physischer Systeme im industriellen Kontext zu betrachten. TKD-Organisationen sind daran interessiert, die Effizienzpotenziale von CPS im Rahmen eines quantitativen Feldexperiments mit Mitarbeitern des TKD zu identifizieren. Hierbei ist der aktuelle Stand der Forschung zu mobilen Arbeitsunterstützungssystemen relevant (Herterich et al. 2015b). Zur Erbringung von datengetriebenen Dienstleistungen im Ökosystem der beteiligten Akteure bedarf es digitaler Plattformen. Zukünftige Beiträge sollten sich dem Design solcher Plattformen als Wegbereiter für die Erbringung digitaler Dienstleistungen innerhalb von Ökosystemen beschäftigen. Abschließend ist festzustellen, dass der Einsatz von CPS die industrielle Dienstleistungserbringung stark verändern wird. Unternehmen benötigen zum einen Werkzeuge, die den Grad der Digitalisierung feststellen und erhöhen können. Neben den neu entstehenden Anwendungsmöglichkeiten und der Herausforderung, die entstehenden Potenziale durch entsprechende Umsetzungsstrategien zu nutzen, besteht zudem verstärkt der Bedarf an adäquaten Methoden für die Entwicklung von produktbezogenen digitalen Dienstleistungen.

Literatur

acatech – Deutsche Akademie der Technikwissenschaften. (2011). *Cyber-Physical Systems: Innovationsmotor für Mobilität, Gesundheit, Energie und Produktion*. München: Springer.

Alardhi, M., & Labib, A. W. (2007). Preventive maintenance scheduling of multi-cogeneration plants using integer programming. *Journal of the Operational Research Society, 59*(4), 503–509.

Barrett, M., Davidson, E., Prabhu, J., & Vargo, S. L. (2015). Service innovation in the digital age: Key contributions and future directions. *MIS Quarterly, 39*(1), 135–154.

Blinn, N., Nüttgens, M., Schlicker, M., Thomas, O., & Walter, P. (2008). Lebenszyklusmodelle hybrider Wertschöpfung: Modellimplikationen und Fallstudie an einem Beispiel des Maschinen- und Anlagenbaus. In *Proceedings of the Multikonferenz Wirtschaftsinformatik* (S. 711–722). München.

Bloch, H. P., & Geitner, F. K. (1983). *Machinery failure analysis and troubleshooting* (2. Aufl.). Houston: Gulf.

Böhmann, T., Leimeister, J. M., & Möslein, K. (2014). Service systems engineering: A field for future information systems research. *Business & Information Systems Engineering, 6*(1), 73–79.

Ebeling, J., Friedli, T., Fleisch, E., & Gebauer, H. (2014). Strategies for developing the service business in manufacturing companies. In G. Lay (Hrsg.), *Servitization in industry* (S. 229–245). Heidelberg: Springer.

Fellmann, D. M., Kammler, F., Reinke, P., Matijacic, M., Schlicker, M., Thomas, P. D. O., et al. (2014). Nachfragebestimmte Spezifikation und Konfiguration mobiler Anwendungssysteme zur Steigerung von Produktivität und Empowerment im Technischen Kundendienst. In M. Nüttgens, O. Thomas, & M. Fellmann (Hrsg.), *Dienstleistungsproduktivität* (S. 32–47). Wiesbaden: Springer.

Fichman, R. G., Dos Santos, B. L., & Zheng, Z. E. (2014). Digital innovation as a fundamental and powerful concept in the information systems curriculum. *MIS Quarterly, 38*(2), 329–353.

Fleisch, P. D. E., Weinberger, D. M., & Wortmann, A. P. D. F. (2014). Geschäftsmodelle im Internet der Dinge. *HMD Praxis der Wirtschaftsinformatik, 51*(6), 812–826.

© Springer Fachmedien Wiesbaden 2016
M.M. Herterich et al., *Industrielle Dienstleistungen 4.0*, essentials,
DOI 10.1007/978-3-658-13911-7

Gebauer, H. (2008). Identifying service strategies in product manufacturing companies by exploring environment–strategy configurations. *Industrial Marketing Management, 37*(3), 278–291.

Herterich, M., Uebernickel, F., & Brenner, W. (2015a). The impact of Cyber-physical systems on industrial services in manufacturing. *Procedia CIRP, 30,* 323–328.

Herterich, M., Peters, C., Uebernickel, F., Brenner, W., & Neff, A. (2015b). Mobile work support for field service: A literature review and directions for future research. In *Proceedings of the 12th International Conference on Wirtschaftsinformatik (WI).* Osnabrück.

Kiritsis, D. (2011). Closed-loop PLM for intelligent products in the era of the Internet of things. *Computer-Aided Design, 43*(5), 479–501.

Lee, E. A. (2008). Cyber physical systems: Design challenges. In *Proceedings of the 11th International Symposium on Object Oriented Real-Time Distributed Computing (ISORC)* (S. 363–369). Orlando.

Leimeister, J. M. (2012). *Dienstleistungsengineering und -management.* Berlin: Springer.

Lightfoot, H., Baines, T., & Smart, P. (2013). The servitization of manufacturing: A systematic literature review of interdependent trends. *International Journal of Operations & Production Management, 33*(11/12), 1408–1434.

Lusch, R. F., & Nambisan, S. (2015). Service innovation: A service-dominant (SD) logic perspective. *MIS Quarterly, 1*(39), 155–175.

Maglio, P. P., & Spohrer, J. (2008). Fundamentals of service science. *Journal of the Academy of Marketing Science, 36*(1), 18–20.

Matzner, M., & Scholta, H. (2014). Process mining approaches to detect organizational properties in cyber-physical systems. In *Proceedings of the 22nd European Conference on Information Systems (ECIS).* Tel Aviv.

Mikusz, M. (2014). Towards an understanding of cyber-physical systems as industrial software-product-service systems. *Procedia CIRP, 16,* 385–389.

Oliva, R., & Kallenberg, R. (2003). Managing the transition from products to services. *International Journal of Service Industry Management, 14*(2), 160–172.

Reinheimer, S., & Strahringer, S. (2014). Cyber-physical Systems – Von jeder mit jedem zu alles mit allem. *HMD Praxis der Wirtschaftsinformatik, 51*(6), 810–811.

Schäfer, T., Jud, C., & Mikusz, M. (2015). Plattform-Ökosysteme im Bereich der intelligent vernetzten Mobilität: Eine Geschäftsmodellanalyse. *HMD Praxis der Wirtschaftsinformatik, 52*(3), 386–400.

Schoch, T., & Strassner, M. (2003). Wie smarte Dinge Prozesse unterstützen. *HMD, 229,* 23–32.

Soeldner, C., Roth, A., Danzinger, F., & Moeslein, K. (2013). Towards open innovation in embedded systems. In *Proceedings of the 19th Americas Conference on Information Systems (AMCIS).* Chicago.

Thomas, P. D. O., Nüttgens, P. D. M., Fellmann, D. M., Krumeich, J., Hucke, S., Breitschwerdt, D. R., et al. (2014). Empower Mobile Technical Customer Services (EMOTEC) – Produktivitätssteigerung durch intelligente mobile Assistenzsysteme im Technischen Kundendienst. In M. Nüttgens, O. Thomas, & M. Fellmann (Hrsg.), *Dienstleistungsproduktivität* (S. 2–17). Wiesbaden: Springer.

Ulaga, W., & Reinartz, W. J. (2011). Hybrid offerings: How manufacturing firms combine goods and services successfully. *Journal of Marketing, 75*(6), 5–23.

Vargo, S. L., & Lusch, R. F. (2008). Service-dominant logic: Continuing the evolution. *Journal of the Academy of Marketing Science, 36*(1), 1–10.

Wang, L., Chu, J., & Wu, J. (2007). Selection of optimum maintenance strategies based on a fuzzy analytic hierarchy process. *International Journal of Production Economics, 107*(1), 151–163.

Xu, R., & Ilic, A. (2014). Product as a service: Enabling physical products as service endpoints. In *Proceedings of the 35th International Conference on Information Systems (ICIS)*. Auckland.

Yoo, Y., Henfridsson, O., & Lyytinen, K. (2010). The new organizing logic of digital innovation: An agenda for information systems research. *Information Systems Research, 21*(4), 724–735.

Zolnowski, A., Schmitt, A. K., & Böhmann, T. (2011). Understanding the impact of remote service technology on service business models in manufacturing: From improving after-sales services to building service ecosystems. In *Proceedings of the 19th European Conference on Information Systems (ECIS)*. Helsinki.